洋洋兔 编绘

和善齐家

石油工业出版社

图书在版编目（CIP）数据

和善齐家/洋洋兔编绘. — 北京：石油工业出版社，2023.12

（中国古代名人家训）

ISBN 978-7-5183-6431-2

Ⅰ.①和… Ⅱ.①洋… Ⅲ.①家庭道德–中国–古代–青少年读物 Ⅳ.①B823.1-49

中国国家版本馆CIP数据核字(2023)第217684号

和善齐家

洋洋兔　编绘

选题策划：王　昕　曹敏睿
责任编辑：尹　璐
责任校对：刘晓婷
出版发行：石油工业出版社
　　　　　（北京安定门外安华里2区1号100011）
网　　址：www.petropub.com
编 辑 部：(010)64252031
图书营销中心：(010)64523731　64523633
经　　销：全国新华书店
印　　刷：河北朗祥印刷有限公司

2023年12月第1版　2023年12月第1次印刷
710毫米×1000毫米　开本：1/16　印张：5
字数：50千字

定　　价：30.00元
（图书出现印装质量问题，我社图书营销中心负责调换）

版权专有　侵权必究

# 前言

我们处在一个幸福的时代，也处在一个复杂的时代。科学技术的空前进步，物质财富的空前丰富，为我们造就便利生活的同时，也带来了巨大的诱惑。当我们在物质需求和精神需求的交叉路口迷茫时，或许我们可以从古代先贤对子孙后代的家训中得到一点儿智慧。

古语有云"天下之本在家"。家，是我们生命中永恒的主题，也是我们人生中的第一个课堂。从三国时期诸葛亮的《诫子书》到南北朝颜之推的《颜氏家训》，从北宋司马光的《家范》到明代朱柏庐的《朱子家训》，古人通过家训教导后世子孙应该如何立身、治家、为人处世，如何规范自己的言行举止，树立远大的志向。

修身、齐家、治国、平天下，是古代先贤的崇高理想。"一粥一饭，当思来处不易。半丝半缕，恒念物力维艰。"这是朱柏庐在告诫后人不能骄奢淫逸。"非学无以广才，非志无以成学。"这是诸葛亮在告诫儿子定要勤奋好学。"人苟能自立志，则圣贤豪杰何事不可为？"这是曾国藩在告诫弟弟应当志存高远。

穿越数千年，这些家训中的智慧在今天仍然熠熠生辉。本书就是从这些家训中拾取吉光片羽，编撰成册。同时，书中辅以生动有趣的漫画小故事，让孩子轻松阅读，快乐学习。

# 目录

| | |
|---|---|
| 1 | 父母应为孩子做长远打算 |
| 13 | 持家不可冷酷刻薄 |
| 21 | 不占人便宜,多体恤亲邻 |
| 27 | 过日子不应好斗 |
| 35 | 道德品行应从小培养 |
| 43 | 兄弟要和睦 |
| 51 | 以和为贵 |
| 59 | 父母要做好引导和教育 |
| 65 | 溺爱易让孩子骄慢 |

# 父母应为孩子做长远打算

凡人为子孙计,皆思创立基业,然不有至大至久者在乎?舍心地而田地,舍德产而房产,已失其本矣。

——姚舜牧《药言》

大多数人在为子孙后代打算的时候,都想要为他们创立家业。难道还有很大的家业存在很久的吗?抛弃了心灵而重视田地,抛弃了德行而重视房产,这已经失去了根本。

# 触龙说赵太后

**家训小故事** 3分钟

公元前265年,秦国攻打赵国。赵孝成王年幼,太后执政,只得向齐国求救。

触龙

父母之爱子，则为之计深远。赵太后虽然十分宠爱自己的小儿子，但最终还是将他送去了齐国，希望他能建功立业，将来能够拥有自己的立足之地。

作为父母应该为子女做长远的打算，而不能只考虑他们眼前的安乐，把孩子养成一个衣来伸手、饭来张口的人。爱孩子是父母的本能，但是溺爱孩子，却不利于孩子的健康成长。

# 家训小板报

赵太后格外疼爱自己的小儿子,所以想一直把他放在自己的臂膀下,为他遮风挡雨。但是对孩子过分呵护反而不利于其健康成长。正如姚舜牧在训诫自己子孙时所说,对孩子心灵的关爱,以及对孩子道德与品行的培养,才是教育的根本。

如果我们在生活中遇到以下的情景,你觉得下面这些做法正确吗?你会用哪些你学过的家训与父母商量解决问题呢?

①班级组织画元旦板报,明明与豆豆因为意见不同吵了一架。明明的爸爸妈妈知道之后,非常生气,不仅去找了老师,还勒令明明再也不可以和豆豆玩了。

②可可已经上五年级,平时非常喜欢研究昆虫的生活习性。她想和朋友一起参加户外夏令营,并为此攒了很久零花钱。但是,可可的爸爸妈妈很担心她的安全,不同意她去参加夏令营。

拓展 互动

# 家训小板报

原文：谚曰，一日之计在于寅，一年之计在于春，一生之计在于勤。起家的人未有不始于勤而后渐流于荒惰，可惜也。

译文：有谚语说，在一天的打算之中，最重要的莫过于早上；在一年的打算之中，最重要的莫过于春天；在一生的打算之中，最重要的莫过于勤奋。创立家业的人没有一个不是开始于勤奋，后来却渐渐变得荒废懈怠的，实在是太可惜了。

---

原文：贤、不肖皆吾子。为人父母者切不可毫发偏爱。偏爱日久，兄弟间不觉怨愤之积，往往一待亲没而争讼因之。创业思垂永久，全要此处见得明，不贻后来之祸。

译文：不管是品德贤良的孩子，还是品行不好的孩子，他们都是我的孩子。做父母的千万不能有一点偏爱。偏爱的时间长了，兄弟之间在不知不觉中就会积累很多对彼此的怨恨。往往一等到父母去世就会因为这个产生争吵。创立家业要想长久，全都依赖于对这个看得明白，不为后来留下祸患。

——姚舜牧《药言》

# 持家不可冷酷刻薄

刻薄成家,理无久享;伦常乖舛,立见消亡。

——朱柏庐《朱子家训》

冷酷刻薄地持家,家庭的和睦幸福是无法长久的。如果违背伦理,乖戾叛逆,这个家庭马上就会消亡。

**3分钟** 家训小故事

## 赵元佐被废

赵元佐是宋太宗的儿子，幼时深得宋太宗喜爱，被视为继承皇位的最佳人选。

赵元佐本来文武双全，是太子的最佳人选，但是最后却因为自己冷酷残暴而被贬为庶民。持家尚不能冷酷刻薄，更何况他将面对的是整个国家。他这样为所欲为，最终一定会给国家带来灾难。

# 家训小板报

《朱子家训》又称《朱子治家格言》《治家格言》，作者是明末清初学者朱柏庐。

朱柏庐本名朱用纯，他的一生很平凡，没有波澜壮阔的事迹，在寻常生活中潜心治学、教书育人，认真揣摩前人修身治家之道，编写出"接地气"的《朱子家训》。

天下之本在国，国之本在家。

《朱子家训》的内容贴近普通百姓生活，有教人勤俭持家的"一粥一饭，当思来处不易；半丝半缕，恒念物力维艰""居身务期质朴，教子要有义方"，有教人诚实厚道的"勿贪意外之财，勿饮过量之酒"，还有教人知恩图报的"施惠无念，受恩莫忘"，等等。

**朱用纯** 字致一 号柏庐
明末清初理学家、教育家

知识延展

# 家训小板报

与《大学》《中庸》的大道理不同,《朱子家训》很有针对性地从安全、卫生、勤俭、饮食、房田、婚姻、财物、读书、交友、纳税、为官等方方面面着手,实用性强,致力于把子孙后代教育成光明正大、知书达理、宽容善良的人。

家训采用对仗的形式,读起来朗朗上口,容易记忆,文字也通俗易懂,许多家庭把其写成对联、条幅挂在大门、厅堂或居室,作为治理家庭和教育子女的座右铭。

## 知识延展

《朱子家训》全文只有524字,却凝结了几千年来儒家文化的家教精华,一经问世,便得到有识之士的称赞,纷纷争相传抄。

# 不占人便宜，多体恤亲邻

与肩挑贸易，毋占便宜；见贫苦亲邻，须多温恤。

——朱柏庐《朱子家训》

与那些挑着扁担做小生意的人交易，不要占人家的便宜；见到贫苦的亲戚或者是邻里，要多加体恤安抚。

**3分钟** 家训小故事

## 范蠡乐善好施

春秋末期,范蠡辅佐越王勾践成就霸业后,急流勇退。

范蠡

夫君,你为什么不继续辅佐大王了呢?

伴君如伴虎,为了我的生命安全,隐退才是上策。

这样也好,你就有时间陪我了。

西施

范蠡是个极其富有同情心的人，他虽然富甲一方，但是他不仅没有仗着自己的财富为富不仁，反而还先后三次把财产分给他人，并毫无保留地将自己的致富经验传授给大家，可以称得上是德"财"兼备。在生活中，虽然我们可能没有范蠡这样的财富，但我们可以像他一样，多体恤他人、帮助他人，久而久之，我们也会受到大家的尊敬。

# 家训小板报

范蠡不仅经商有道，还有着高尚的品格。他三次仗义疏财，赢得了大家的尊重。历史上和范蠡同样敢于"舍财取义"的人还有很多，冯谖（xuān）就是其中一个。

冯谖是战国时期齐国孟尝君的一位门客。有一次，他受孟尝君之命，去封地薛邑收租。临行时，冯谖问孟尝君："债收完后，需要买些什么回来吗？"孟尝君环顾了一下四周说："你看我家里还缺什么，就买些什么回来吧。"

到达之后，冯谖发现这里今年的收成特别不好，很多百姓生活都成问题，更不用说还债了。挨家挨户走访后，冯谖收上来的欠款也只有一点点。

冯谖感叹，原来百姓的生活这样凄惨。怎么办呢？冯谖想了一会儿，打定了主意。他用收上来的欠款买了很多食物，将百姓们都叫了过来，在空旷的地方宴请了大家。

知识延展

# 家训小板报

不仅如此，他还以孟尝君的名义将百姓们的债务一笔勾销。百姓们开心极了，高呼："孟尝君万岁！"

冯谖回到国都后，孟尝君问他都买回来了什么。冯谖回答说："我看您金银财宝都不缺，于是为您买回来了仁义的名声。"孟尝君见冯谖什么都没带回来，非常不悦。

过了几年，孟尝君失势，只有薛邑的百姓对他忠心耿耿。这时孟尝君才明白，冯谖为他"买回来"的仁义是多么贵重。

范蠡仗义疏财，冯谖舍财取义，从他们身上都流露出对他人的体恤之情。这与朱柏庐"见贫苦亲邻，须多温恤"这句家训中表达的道理不谋而合。

**知识延展**

# 过日子不应好斗

居家戒争讼，讼则终凶。

——朱柏庐《朱子家训》

主持家道一定要防止争吵讼告，争讼无论胜败，都没有好处。

两个女孩争吵打架，原本是一件很平常的小事，但由于双方家庭都不肯让步，使整个事件像滚雪球般愈演愈烈，最终演化成了两个国家之间的大战，导致生灵涂炭。所以说，当我们和别人发生矛盾时，应当想办法化解矛盾，而不是让矛盾升级，争斗不休，这样对谁都没有好处。

# 家训小板报

一场两国之间的大战，起因竟然只是两个女孩之间的争吵。在一次次的"不退让"中，事情愈演愈烈，最终到了一发不可收拾的地步。就像"居家戒争讼，讼则终凶"这句家训说明的道理一样，在矛盾升级的过程中，若能有人站出来规劝他们，或许就有可能避免这场无妄之灾。如果你刚好是这场争吵的见证人，你会怎样劝劝她们呢？将你劝导她们的话写在下面的空白框里吧。

劝一劝小楚　　　　　　劝一劝小吴

**拓展互动**

# 家训小板报

我们在日常生活中，难免会与家人、同学、朋友之间发生一些小摩擦，气头之上，我们就很有可能与人发生争执，甚至失去理智。你是否也被这些摩擦冲昏过头脑呢？看一看下面这些生活中常见的事件，并在你认为不对的做法旁边写下评语，用你学过的家训劝一劝那个在争执中气昏了头的家伙吧！

①小明不小心弄丢了同桌的橡皮。他马上向同桌道歉，并买了一块新橡皮赔给他。

②小红看见有人在教室的墙上乱写乱画，赶紧上前制止了他。

③妈妈买了好吃的苹果回来，小蓝冲过去就拿了最大的一个。小蓝的弟弟由于没拿到最大的苹果，气得哇哇大哭，小蓝走过去拍拍他的肩膀，把自己的大苹果分给了弟弟一半。

④同桌不小心把水洒在了奇奇的作业本上，也没有道歉，惹得奇奇很生气，与同桌大吵了一架。当学习委员收作业时，奇奇赌气将同桌的作业本藏了起来。

⑤多多放学回家丢下书包就开始看电视，妈妈看到后批评了他，他生气地跑回卧室，赌气连晚饭也不吃了。

拓展 互动

# 道德品行应从小培养

人品须从小做起,权宜、苟且、诡随之意多,则一生人品坏矣。

——吴麟征《家诫要言》

一个人的道德品行应该从小养成,如果为了暂时适宜的措施而妥协,只顾眼前,得过且过,不顾是非而妄随人意,这样的想法太多,就会导致一生的品行败坏啊。

# 父子同心

**家训小故事** · 3分钟

范纯仁是范仲淹的儿子,有一次,他按父亲的吩咐,从京城押解五百斗的粮食回江苏老家。

范纯仁

范仲淹:注意安全,早去早回!

父亲,您放心吧!我会注意绝不露富,没人知道我运了五百斗粮食。

喊这么大声,你娘在江苏都听见了,更别说小偷强盗了……

范仲淹常说:"穷则独善其身,达则兼济天下。"范纯仁深受父亲的影响,将粮食送给有需要的人,也是"兼济天下"的一种表现。虽然范纯仁这次将自己搞得有些狼狈,但是他认为帮助人的快乐远远超过了自己经历的艰辛。我们也要向范纯仁学习他乐于助人的宝贵品质。当孩子做了好事的时候,家长也要予以肯定和鼓励。这样孩子会更有坚持的动力。

# 家训小板报

吴麟征是明朝的一位官员,他为官清廉,刚正不阿。崇祯皇帝在位时,首辅周延儒把持朝政,贪赃枉法,吴麟征的同僚熊开元和姜埰(cài)因为上书直言,被崇祯皇帝打入了大牢,为他们求情的刘宗周也被下狱。即便如此,吴麟征依然选择仗义执言。

1644年,李自成率兵直逼京城,吴麟征奉命守护西直门,但就在他率领亲兵顽强抵御之际,位于西直门东北侧的德胜门被敌军攻占。最终,李自成的大军破城而入。国破家亡,吴麟征深感绝望,最终自尽,以身殉国。

吴麟征曾给自己的儿子吴藩昌写过很多训诫的书信,后来,吴藩昌将它们整理、摘录,集结成《家诫要言》,也正因如此,我们才能在今天看到这些代表着吴麟征高尚思想的家训名句。

**吴麟征** 字圣生
明朝太常寺少卿

# 家训小板报

范仲淹是宋代的名相,是古代著名的政治家、文学家。他的一句"不以物喜,不以己悲",一句"先天下之忧而忧,后天下之乐而乐"流传千古而不朽。

范仲淹的一生不仅为官清廉,有着为国为民的崇高情怀,同时他也治家甚严,教子有方。他先后编写了《戒诸子及弟侄》《六十一字族规》《范文正公家训百字铭》《义庄规矩》等家训、族规,以训诫范氏子弟和族人。

范仲淹

他常常告诉子弟:"家族之中,不论亲疏,当念同宗共祖,一脉相传,务要和睦相处,不许相残、相妒、相争、相夺。"他还始终把家国情怀放在子弟教育的首位。在范仲淹的影响下,范氏家族人才辈出,以清廉奋进的家风闻名天下。

知识延展

# 家训小板报

原文：家用不给，只是从简，不可扰乱心绪。

译文：家中费用不足，就应该节俭，不可因贫困扰乱了心绪。

原文：四方衣冠之祸，虽一时气数，亦是世家习于奢淫不道，有以召之。若积善之家，亦自有获全者，不可不早夜思其故也。

译文：各地富贵之家的灾祸，虽然是大势所趋，但也是他们自己奢侈、糜费招来的。多做善事的家庭，也多有获得保全的，这一点不可不深思。

原文：治家舍节俭别无可经营。

译文：治家的方法，除了节俭以外，再也没有其他的办法可想了。

名句精选

——吴麟征《家诫要言》

# 兄弟要和睦

兄弟者，分形连气之人也。

——颜之推《颜氏家训》

所谓兄弟，是外表不同但气息相通的人。

好弟弟,听说你要带兵出征,哥哥给你饯行来了!

哥哥,我真的不能喝了……

不行,再喝一杯,就喝一杯……

在曹丕的谋划下,曹操对曹植渐渐失望,最终立曹丕为继承人。

什么?主帅喝醉了,大军还未出发?

救兵如救火,曹植这样不像话,我怎能委他重任!

太令人失望了,或许还是曹丕比较适合……

曹操死后,曹丕袭位为魏王,不久后称帝,建立魏国。

但他还是很忌惮曹植的才能。于是,他把曹植召到大殿上。

　　后来，人们把曹植这首在七步之内作完的诗叫作《七步诗》。这首诗的意思是，豆子和豆萁（豆类作物脱粒后的茎）原本是同根而生的"亲兄弟"，但煮豆子所需的生火燃料却恰好是豆萁。正如一母同胞的曹丕和曹植，明明是亲兄弟，曹丕却想置曹植于死地。

　　于是，曹植便用这首诗，点醒了曹丕。兄弟，本应是最亲密的人，可不论是历史上，还是现实生活中，总会有一些人为了利益而和兄弟反目，让家庭分崩离析，我们要引以为戒。

# 家训小板报

兄弟之间和睦相处、团结协作是一个家族传承与兴旺的保障。曹丕从小便嫉妒曹植的才华，处处都想与自己的弟弟争个高下。长大后，已然称帝的曹丕，身份地位比曹植高，可他仍然对弟弟耿耿于怀。曹丕死后，他的儿子曹睿即位。曹睿对待自己的叔叔曹植也十分不尊重，面对曹植多次上书，希望得到任用的请求，始终不闻不问。最终，曹植郁郁而终，一身的才华与抱负再没有机会施展了。

曹丕这样的做法，对维系家族发展来说就是犯了严重的错误。兄弟关系是否和睦，会直接影响下一代，只有自己做到兄友弟恭，为子孙做出典范，这样才能将美德代代相传，家业才会兴旺发达。

与此相比，我们熟知的孔融让梨的故事，就是兄友弟恭的典范。孔融是兄弟间年纪最小的，他懂得长幼有序的道理，自己吃小梨，把大梨让给哥哥吃。兄弟因血缘密不可分，就像树木一样，气息相通，同根连枝，只有和睦相处，才能使自己的家族根深蒂固，枝繁叶茂。

**拓展互动**

你从"七步诗"与"孔融让梨"的故事中学到了什么道理呢？尝试用你学到的有关齐家之道的家训，为这两个故事做一下点评吧！

# 家训小板报

中国古代家训的历史，最早可追溯到周朝时期周公[1]的《诫伯禽书》。周成王[2]亲政后，将鲁地封给周公之子伯禽。伯禽去封地前，周公谆谆教诲，告诫儿子要做一个有德行的人。

在《论语》中，记载了孔子教育他的儿子孔鲤的场景。孔子在庭院中碰到孔鲤，告诉他要学诗、学礼。这段对话被古人称为"庭训"，庭训其实就是家训的一种。

而第一次正式提出"家训"这个概念或名称的，是颜之推。《颜氏家训》成书于约公元6世纪末，是我国最早的系统完整的家庭教育专著，开后世"家训"的先河。

《颜氏家训》共计七卷二十篇，所涉内容非常广泛，从家庭生活的各个细节着笔，以传统儒家思想教育子弟如何正确地修身、治家、处世、为学。正因为如此，《颜氏家训》受历代学者推崇，甚至认为"古今家训，以此为祖"。

知识延展

[1] 周公：姓姬名旦，周武王的弟弟，辅佐周武王和周成王，并制作礼乐。
[2] 周成王：周武王姬发的儿子，周朝第二位君主。

# 家训小板报

《颜氏家训》中的谆谆教诲,对颜之推的后世子孙影响深远。颜之推的长子颜思鲁博学善文,是一代儒学大家。颜之推的长孙颜师古,从小遵循祖训,博览群书,也成为著名的经学家和历史学家。

颜杲(gǎo)卿是颜之推的六世孙,唐代著名文字学家。安史之乱中,颜杲卿与堂弟颜真卿共同发兵起义,后与儿子颜季明殉国。颜杲卿一生谨记先祖的教诲,恪守家训族规,舍生取义,其忠节不屈的精神被后世称颂。

颜真卿也是颜之推的六世孙,唐代著名书法家,"楷书四大家"之一。他的书法精妙绝伦,被称为"颜体"。颜杲卿与颜季明殉国后,颜真卿悲愤交加,写下被誉为天下第二行书的《祭侄文稿》,一笔一画间,都是颜氏家族的忠义和英魂。

## 颜之推
字介
南北朝文学家、教育家

知识延展

# 以和为贵

天地和则万物生,君臣和则国家平,九族和则动得所求、静得所安。是以圣人守和,以存以亡也。

——向朗《遗言戒子》

天地相和才有万物生长;君臣一心才有国家安宁;九族亲和,行动起来就能成事,安居之时也能平安。所以圣人都遵行一个"和"字,和则存,不和则亡。

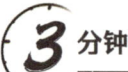

# 陶氏骨肉相残

**家训小故事**

陶侃，字士行，是东晋的将军，以精明能干出名。因功被封为长沙郡公。

陶侃留下的财产，本可以让三个儿子都衣食无忧。可没想到儿子们为了争夺遗产，不顾手足之情自相残杀，最终导致辉煌的陶氏家族迅速灭亡。对于一个家庭来说，最重要的就是家庭成员之间要和和气气，和则存，不和则亡，所以，我们在与家人相处时，不应太过计较得失，家庭和睦才是最大的财富。

# 家训小板报

三国时期,各方势力相互讨伐,人人都想成为天下英雄。然而,有一个人却淡泊名利,整日埋头读书。他就是三国时期著名的藏书家——向朗。

向朗原本是蜀国的丞相长史,受命随诸葛亮北伐。在一次战役中,他的好友马谡违背军令,弃兵逃亡。向朗得知这件事后,包庇了马谡,并没有向诸葛亮汇报。这让诸葛亮十分气愤,罢免了向朗的官职。

仕途不顺的向朗并没有因此消极,他开始利用这些富裕出来的时间钻研典籍,有时,发现书籍有谬误,他就自己动手修改。日子一天天过去,向朗家里的藏书也越来越多,很多人慕名而来,在向朗家一同读书、做学问,这里几乎成了一个图书馆!

向朗

然而,这样一位勤勉的学者却没有给后世留下太多著作,唯一流传于世的笔迹,便是一篇他在临终前写给儿子的《遗言戒子》。这篇家训虽然篇幅精简,但却语重心长地向儿子传达了他一生心之所向的道义。

名人号外

**向朗**  字巨达
三国时期蜀汉官员、藏书家、学者

# 家训小板报

在历史上,像陶氏兄弟一样为了争夺家产而反目,甚至兵戈相向的事情屡见不鲜。但是,本来不和的兄弟消弭隔阂,重归于好的故事也比比皆是。

东汉时期,许荆被派往岭南地区任桂阳太守。这个时候的岭南地区还比较落后,风俗轻薄,不识儒教礼义。于是许荆决定一边巡行各县,一边教化百姓。

许荆走到耒阳县的时候,一对姓蒋的兄弟拦住了他的去路,争着状告对方。许荆停下询问,原来是他们的父亲刚刚去世,兄弟两人为了争夺家产,大打出手。

许荆听完了他们的话,却并没有帮他们断案、分配家财。而是沉痛地说:"我肩负国家的重任,而没有推行教化,罪责在我身上。"于是让属吏上书陈述此事,请求自己到廷尉那里受审。

**知识延展**

# 家训小板报

　　蒋氏兄弟见状深受感动、追悔莫及。这起兄弟争财案得以平息。

　　手足情深，兄弟之间没有什么解决不了的问题。蒋氏兄弟受到许荆的感化而尽释前嫌，重新成为相亲相爱的一家人。如果像陶氏三兄弟一样罔顾亲情、针锋相对，最终一定会追悔莫及。

## 知识延展

　　假如你是陶氏三兄弟的朋友，结合蒋氏兄弟的故事，你会用哪些家训劝导他们和睦相处呢？

# 父母要做好引导和教育

有子不教，不独在己薄其后嗣，兼使他人之女配非其人，终身受苦。有女失教，不特自贻他日之忧，亦使他人之子娶非其偶，累及家门。

——张履祥《训子语》

有儿子不好好教育，不只是自己轻视自己的子孙后代，还会使得别人的女儿嫁给一个不适合的人，一生遭受苦难。有女儿不好好教育，不只是自己给自己在日后留下隐患，也会使得别人的儿子娶到一个不适合的配偶，连累别人的家族。

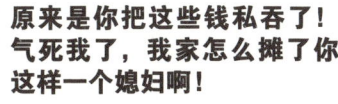

俗话说"上梁不正下梁歪",父母的引导及教育对孩子至关重要。这个当父亲的卫人眼里只有钱,还让女儿多攒私房钱,这种错误的教育间接导致女儿婚姻的破裂。身为父母,如果给子女灌输了错误的思想,很可能会影响子女一生,所以,要想让子女成人、成才,父母也要有分辨是非的能力,这样才能给子女正确的教育。

# 家训小板报

张履祥9岁丧父，母亲为了激励他成材，教导他说："孔子、孟子都是幼年丧父，只因他们心中有志向，便都成了圣贤。"张履祥也以此自勉，刻苦读书，长大后拜儒学大师刘宗周为师，也成了一位大儒。

明朝灭亡后，恩师刘宗周自杀，接踵而来的坏消息令张履祥悲痛不已，他不满清朝的统治，选择隐居教书。

隐居期间，张履祥不但潜心研究朱熹的理学思想，还积极钻研农书，向有经验的老农请教，编撰了中国历史上的农学杰作之一《补农书》。张履祥认为，种地和读书同样重要，如果因为读书而荒废了耕种，那么一定是要挨饿的。如果只知道耕种而荒废了读书，那么礼法道义就会不复存在。

晚年，张履祥总结一生志向，将伦常之事、忠信笃敬之理，以及立身行己之则，写进《训子语》中留给儿子。这部家训在清朝影响深远，几乎家家户户都参考此训内容教导子孙。

## 名人号外

**张履祥** 字考夫、渊甫　号念芝、杨园
明末清初理学家

# 溺爱易让孩子骄慢

吾见世间，无教而有爱，每不能然；饮食运为，恣其所欲，宜诫翻奖，应呵反笑，至有识知，谓法当尔。骄慢已习，方复制之，捶挞至死而无威，忿怒日隆而增怨，逮于成长，终为败德。

——张履祥《训子语》

世上的人们不加教诲便想孩子生爱，往往达不到目的。日常饮食住行，随其所欲，应加惩戒的，反加奖励；应该斥责的，反加笑赞。孩子有些知识后，就会以为这样的做法是正确的。娇贵傲慢已经养成了习惯，再想管束，就算捶打致死也不会产生作用，反而会令孩子因怒生恨，等他到长大之后，终会成为无德之人。

最后，朱常洵因为太胖跑不动，被李自成抓住后杀死。

万历皇帝因为偏心朱常洵，不顾国家法制想将他立为太子，未果后，又赐予大量财富，却并未在人品、学识等方面好好教育朱常洵，致使他后来不学无术，只知道贪图享乐。一个人如果有了私心，那么处事必将有所偏颇。一个人如果想要处事公正，判断准确，就不能对自己、家人、亲友存有私心。教育孩子同样如此，越是爱他，就越应该教导他读书向善，做个好人。

# 家训小板报

一个小小的坏习惯,看似无关痛痒,但长此以往,不加以改正,坏习惯就会慢慢被放大,影响一个人一生的品行。你是否也有一些不好的小习惯呢?

让我们用下面这个小测试来判断一下吧!

|  | 是√ | 否× |
|---|---|---|
| ★我面对长辈,是否自觉使用请、您好、谢谢、对不起、再见等礼貌用语? | ☐ | ☐ |
| ★我是否能做到在公共场所不喧哗? | ☐ | ☐ |
| ★我是否诚实守信,承诺了别人的事情就会努力做到? | ☐ | ☐ |
| ★我是否能够耐心听别人说话,不随便打断对方? | ☐ | ☐ |
| ★我是否能做到今日事今日毕,按照计划做事? | ☐ | ☐ |
| ★我是否能主动做到节约,不挑食,不浪费水,随手关灯? | ☐ | ☐ |
| ★我是否自己的事情自己做,能独立整理书包、收拾房间、叠被子? | ☐ | ☐ |
| ★我是否讲卫生,注重仪容仪表,勤洗澡更衣? | ☐ | ☐ |

拓展互动

有坏习惯并不可怕,时常以这样良好的家风准则规范自己的行为,不以恶小而为之,相信你一定可以成为更好的自己!

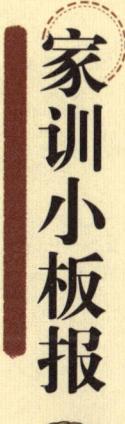

原文：思无越畔，土物爱，厥心臧，保世承家之本也。但因而废学，一任蛮顽，则不可耳。

译文：在思想上不背离为人之道，爱护土地万物，心怀善良，才是保全自身、继承家业的根本。但不可因为耕田而荒废了学业，放任刁恶痴顽。

原文：子孙何以贤？惟尊礼师傅以修身，继述祖宗以启后，是大节目。

译文：子孙凭什么贤能？只有尊敬老师、礼待老师从而修身，继承遵循祖宗的遗志从而为后人开辟道路，才是关键之处。

原文：凡做人，须有宽和之气。处家不论贫富，亦须有宽和之气。此是阳春景象，百物由以生长，所谓"天地之盛德，气也"。

译文：凡是为人处世，必须有宽厚温和的气象。持家不论贫穷还是富贵，也必须有宽厚温和的气象。这就像是阳春三月融洽和谐温暖的气息，众多不同的生物依赖它生长，这就是所谓的"天地的深厚恩德，是仁厚之气"。

——**张履祥《训子语》**